Bibliografische Information der Deutschen Nationalbibliothek:

Die Deutsche Bibliothek verzeichnet diese Publikation in der Deutschen Nationalbibliografie; detaillierte bibliografische Daten sind im Internet über http://dnb.d-nb.de/ abrufbar.

Impressum:

Druck und Bindung: Books on Demand GmbH, Norderstedt Germany
ISBN: 9783668531208

Tobias Amon

Überleben in der Tiefsee. Darstellung des Lebensraums sowie der Überlebensstrategien seiner Bewohner

GRIN Verlag

1 FASZINATION TIEFSEE

"Das Phantom der Tiefsee" – so lautet der Bericht, den die ZDF-Reihe TERRA-X im Jahre 2013 ausgestrahlt hat. In dieser Dokumentation wird von einem sagenumwobenen Seeungeheuer, dem Riesenkalmar Architeuthis berichtet, den Seefahrer seit Jahrhunderten fürchten und den Walfänger in den Mägen von Pottwalen gefunden haben [1]. Ein Team um den Ozeanographen und Biologen T. Kubodera hat sich über zehn Jahre mit hohem technischen und apparativen Aufwand bemüht, dem Riesenkalmar auf die Spur zu kommen. Im Jahre 2012 ist es dem Team nach langer Suche gelungen, das sagenumwobene Tier erstmals in der Menschheitsgeschichte in der Tiefsee live zu filmen [23].

Die ozeanischen Tiefen faszinieren aber auch mit Berichten über 4000 Jahre alte Korallen, die dann mit Abstand zu den ältesten Lebewesen unseres Planeten zählen. Ebenso begeistern Bilder von lebenden Fossilien wie dem 1938 entdeckten Quastenflosser oder dem erst 2013 erstmals gesichteten Sechskiemen-Kragenhai, der angeblich auch bereits vor 380 Millionen Jahren gelebt haben soll [1]. Dieser hat offensichtlich nur durch den Schutz, den die großen Meerestiefen bieten, den vor ca. 60 Millionen Jahren erfolgten Meteoriteneinschlag überlebt, der zum Aussterben fast aller Urzeitlebewesen geführt hat. Auch andere skurrile Lebewesen wie der Drachenfisch oder der Anglerfisch mit ihren riesigen Augen, Fangzähnen und dem überdimensionalen Maul tragen zur Faszination dieses Lebensraums bei.

Bei all diesen Lebewesen stellt sich die Frage, wie es ihnen gelungen ist, in einem Lebensraum zu überleben, der scheinbar alle extremen Umweltbedingungen in sich vereint: Extremer Druck in Verbindung mit dauerhafter Eiseskälte, Nahrungsarmut kombiniert mit absoluter Dunkelheit sowie die unendliche Weite dieses Lebensraums fordern spezielle Anpassungen der dort lebenden Spezies. Ungeachtet dieser extremen Lebensbedingungen gibt es jedoch Überlebenskünstler unter den Ozeanbewohnern, die sich an diese biologisch-physikalischen Gegebenheiten angepasst haben. Ein besonders auffälliger Vertreter der ozeanischen Tiefenbewohner ist sicherlich der Anglerfisch, der allein durch sein Aussehen entsprechende Aufmerksamkeit erregt.

In den folgenden Kapiteln werden zunächst die ozeanischen Zonen beschrieben und der Begriff Tiefsee erklärt. Nach einem kurzen Überblick über die physikalischen Bedingungen im Lebensraum Tiefsee, wie z.B. Druck, dort herrschende Temperaturen sowie die Lichtverhältnisse wird darauf eingegangen, mit welchen physiognomischen und physiologischen Anpassungen ausgewählte Tiefseelebewesen wie z.B. der Drachenfisch, der Anglerfisch, der Laternenfisch und der Tripodfisch das Überleben in einem extremen Lebensraum meistern.

2 DER EXTREME LEBENSRAUM TIEFSEE UND SEINE SPEZIALISTEN

2.1 Überblick über die Tiefseezonen und ausgewählte charakteristische Arten

Die Ozeane stellen den größten Lebensraum unseres Planeten dar, der sich über mehr als 70% der Erdoberfläche erstreckt [2]. Weniger bekannt sind die einzelnen Tiefenbereiche des Ozeans. Im folgenden Kapitel werden die unterschiedlichen Zonen und deren Eigenschaften für die Biologie näher betrachtet.

2.1.1 Das Epipelagial und Mesopelagial

Das offene Meer, als Pelagial bezeichnet, wird in unterschiedliche Tiefenzonen eingeteilt. Diese Tiefenbereiche und ihre jeweilige Flächenverteilung bezogen auf die Gesamtoberfläche der Erde sind in Abb. 1 dargestellt.

Die Epipelagialzone stellt den oberflächennahen, vom Licht durchdrungenen, euphotischen Bereich des Meeres dar, der mit einer Wassertiefe von 0 m bis 200 m ca. 5 % der gesamten Erdoberfläche ausmacht. In diese Zone dringt das Sonnenlicht ein und ermöglicht den dort lebenden pflanzlichen Organismen Photosynthese. Unter dem Einfluss von Lichtenergie wandelt das an der Meeresoberfläche lebende Phytoplankton mit Hilfe von Chlorophyll das im Wasser gelöste Kohlendioxid (CO_2) bzw. Kohlendioxid aus der Luft in organische Kohlenstoffverbindungen und Sauerstoff (O_2) um. Das in dieser Zone lebende und Photosynthese betreibende Phytoplankton stellt den größten Anteil der Biomasse im Ozean dar und bildet die Basis für die Nahrungskette im Meer [24], denn es dient dem Zooplankton und vielen höher entwickelten Fischarten als Nahrungsquelle.

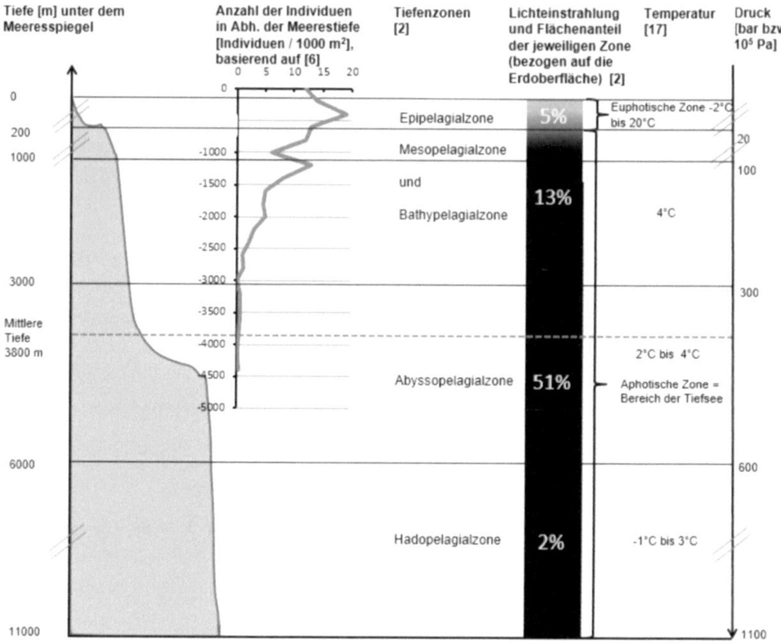

Abb. 1: Schematische Abbildung der unterschiedlichen Tiefenzonen des Ozeans mit der zugehörigen Flächenverteilung bezogen auf die Erdoberfläche, dem jeweiligen Lichteinfall sowie der Temperatur und des Drucks. Die Tiefenskalierungen bis 200 m sowie unterhalb von 6000 m sind nicht linear dargestellt [6].

In der Mesopelagialzone nimmt der Einfall des Sonnenlichts durch die Absorption des Wassers exponentiell ab [7]. Abhängig vom Schwebstoffgehalt im Meer findet bereits unterhalb einer Wassertiefe von 200 m keine Photosynthese mehr statt. Das Pflanzenwachstum ist in diesem Bereich erheblich beeinträchtigt, sodass der Grundbaustein der Nahrungskette entfällt [13]. In der Mesopelagialzone, auch aphotische Zone genannt, beginnt die eigentliche Tiefsee [17], die zusammen mit dem Bathypelagial und dem Abyssopelagial fast zwei Drittel der gesamten Erdoberfläche umfasst. Die Tiefsee stellt mit Abstand den größten Lebensraum unseres Planeten dar.

Wie in Abb. 1 dargestellt, tritt in der oberen Mesopelagialzone die größte Anzahl der im Meer lebenden Individuen pro Flächeneinheit auf [6]. In dieser Meereszone finden sich viele Fische, die durch eine tageszyklische Vertikalbewegung zwischen der Meeresoberfläche und der Meso- bzw. Bathypelagialzone dafür sorgen, dass organisches Material von der artenreichen Oberflächenzone in die Tiefsee transportiert wird und dort weiteren Lebewesen zur Verfügung steht [13]. Der Laternenfisch, der die größte Biomasse der Tiefsee mit ca. 550 bis 600 Millionen Tonnen [37] weltweit bildet, zählt zu den wichtigsten Vertretern dieser "Vertical Migrators" [20]. Die erforderlichen Anpassungen des Laternenfisches zur Durchführung dieser für die Tiefsee so bedeutsamen Migration, die erst in den achtziger Jahren gefunden und genauer untersucht wurde [14], soll in Kapitel 2.4.1 näher beleuchtet werden.

In Abb. 2 sind ausgewählte physiologische und physiognomische Anpassungen des Laternenfisches sowie des Drachenfisches dargestellt, die beide in der Mesopelagialzone leben. Die "Vertical Migrators" weisen in der Regel einen langen und schmalen Körperbau auf, sind im Falle des Laternenfisches klein und sehr wendig und können mit Hilfe ihrer gut ausgebildeten Muskulatur große Tiefendifferenzen innerhalb kurzer Zeit überwinden. Der Körper der Laternenfische besitzt biolumineszente Photophoren an den Seiten und im Bauchbereich, mit denen der Fisch seine Silhouette verschwimmen lässt, damit er von seinen Feinden nur diffus wahrgenommen werden kann. Viele der Fische haben sehr große Augen, um auch geringste Lichtstrahlen aufzufangen, die vom Restlicht oder der Biolumineszenz anderer Tiere stammen.

Im Mesopelagial gibt es auch eine Vielzahl nicht wandernder Fische wie z.B. den Drachenfisch (Trachinoidei) als typischen Vertreter, der in seiner Tiefenzone verbleibt und dort auf seine Beute wie z.B. den energiereichen Laternenfisch oder Krustentiere wartet. Seine Muskulatur ist nur wenig ausgebildet. Dennoch verfügt der Drachenfisch auch über Anpassungen, die ihm das Überleben in der Tiefsee ermöglichen. So zählt er zu den Fischen, die die Biolumineszenz als hoch angepasste Fähigkeit zum Beutefang oder zur Kommunikation mit Artgenossen einsetzen. Mit Hilfe der Biolumineszenz ist er nicht nur in der Lage, blaues Licht mit geringer Lichtabsorption und damit großer Reichweite auszusenden, sondern auch rotes Licht, welches im Wasser eine geringere Reichweite hat [11], zu emittieren. In Kapitel 2.3.3 wird auf die hohe Spezialisierung des Drachenfisches mit Hilfe der Biolumineszenz näher eingegangen.

Tiefseezonen	**Typische Vertreter**	**Ausgewählte physiologische und physiognomische Anpassungen an die Tiefsee**
Mesopelagial 200 m - 1000 m	Laternenfisch („Vertical Migrator") [41] 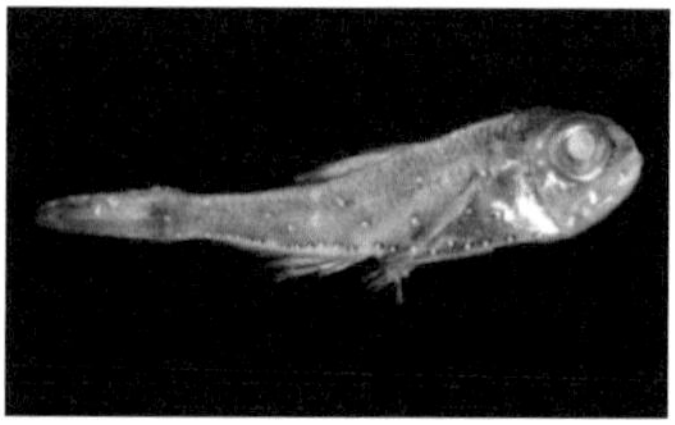 Drachenfisch [44] („Non-Migrator") 	• geringe Gesamtgröße zwischen 2 und 10 cm • längliche, schmale Körperform • ausgeprägte Muskulatur beim „Migrator" (Laternenfisch) und wenig ausgeprägte Muskulatur beim „Non-Migrator" (Drachenfisch) • dunkle Körperfarbe • Biolumineszenz zur Jagd im blauen und roten Spektralbereich • sehr große, sensitive Augen
Bathypelagial 1000 m - 3000 m	Anglerfisch [43] 	• kugel- bzw. ellipsenförmige Körper mit stark dehnbaren Mägen • große Mäuler mit langen, spitzen Zähnen • Größe bis zu einem Meter oder mehr • reduzierte Stoffwechselprozesse • schwach ausgeprägte Muskulatur • Körperfarbe dunkel oder farblos • kleine oder gar keine Augen

Tiefseezonen	Typische Vertreter	Ausgewählte physiologische und physiognomische Anpassungen an die Tiefsee
		• Ausgeprägte Biolumineszenz zur Jagd oder zum Anlocken von Beute und zur Kommunikation • Sexualdimorphismus
Abyssopelagial 3000 m - 6000 m	Tripod-Fisch [42]	• Orientierung über Tastorgane oder Geruch • reduzierte Stoffwechselprozesse • Körperfarbe dunkel oder farblos • kleine oder gar keine Augen [27] • ellipsenförmiger, langer Körper mit Tentakeln • Größe von wenigen Zentimetern • relativ stark ausgeprägte Muskulatur • Hermaphrodit
Hadopelagial 6000 m - 11000 m	Wird in dieser Arbeit nicht betrachtet	

Abb. 2: Die Zonen der Tiefsee und ausgewählte Lebewesen mit ihren selektiven, spezifischen Anpassungsmechanismen; für die angeführten Spezies überlappen sich die Lebensräume teilweise.

2.1.2 Das Bathypelagial und Abyssopelagial

Mit zunehmender Meerestiefe nimmt gemäß der Abb. 1 die Zahl der Lebewesen mit exponentieller Näherung ab [6]. Als Ursachen werden nicht nur der steigende hydrostatische Druck mit zunehmender Meerestiefe genannt, sondern auch die absolute Dunkelheit und die nur noch ca. 2°C bis 4°C [17] betragende niedrige Wassertemperatur, die so einen Lebensraum mit extremen Bedingungen bilden [26]. Ausgewählte Vertreter der Bathypelagialzone sowie der Abyssopelagialzone sind z.B. der Tiefsee-Anglerfisch (Ceratioidei) und der Tripod (Ipnopidae), die spezielle Anpassungsmechanismen im Tiefenwasser ausgebildet haben. Physiognomisch besitzen Fische im Bathypelagial eher kugelförmige Körper mit überdimensional großen Mäulern. Wegen der in diesen Meerestiefen mangelnden Biomasse warten Fische häufig monatelang auf Nahrung. Im Fall eines Beutefangs wird jedoch so viel Nahrung wie möglich aufgenommen, wobei die Größe der Beute teilweise bis zu doppelt so groß sein kann wie die eigentliche Körpergröße des Räubers [30]. Die Stoffwechselprozesse der wechselwarmen Lebewesen sind wegen der geringen Wassertemperaturen reduziert und die Muskulatur ist eher schwach ausgeprägt. Wegen ihrer dunklen Körperfärbung sind Fische im Dunkel des Bathypelagial quasi unsichtbar. Einzig die Biolumineszenz als steuerbare Lichtquelle ermöglicht es den Individuen, untereinander zu kommunizieren oder das Licht gezielt für den Beutefang einzusetzen.

Mit weiter zunehmender Meerestiefe vergrößert sich der Wasserdruck stetig. Neben der Fähigkeit, dem extremen Druck zu widerstehen, worauf in Kapitel 2.2 näher eingegangen wird, verzichten Fische in der Abyssopelagialzone weitgehend auf Licht emittierende Organe. Sie haben stattdessen ausgeprägte Tast- und Geruchssinne entwickelt, mit deren Hilfe sie die Duftsignale von Fischen bzw. Kadavern oder die elektromagnetischen Impulse ihrer Beutetiere aufspüren können. Die Stoffwechselprozesse sind reduziert, der Körper ist dunkel oder farblos und die Augen sind weitgehend zurückgebildet.

Da das Zusammentreffen von Tieren gleicher Spezies in den Weiten der Meere selten ist, haben Tiefseespezialisten verschiedene Mechanismen entwickelt, um sich fortpflanzen zu können. Die Tiefsee-Anglerfische fallen durch einen Sexualdimorphismus auf, wobei sich Weibchen und Männchen sowohl im Körperbau, Körpergröße, Körperfunktionen und Verhalten deutlich unterscheiden. Während das Männchen nur etwa 6 bis 10 mm groß wird, erreichen Weibchen eine Körpergröße von ca. 10 cm bis 1,20 m und werden damit bis zu 500.000 Mal schwerer als ihre männlichen Artgenossen [15,25]. Weibchen besitzen eine angelartige Antenne, an deren Spitze ein Leuchtorgan sitzt, welches mit Hilfe von Biolumineszenz Beutetiere oder männliche Sexualpartner anlockt. Wenn sich die Geschlechtspartner in der Weite der Tiefsee finden, verbeißt sich das Männchen am Bauch des Weibchens, wie in Abb.3 dargestellt [28,39]. Seine Zähne und sein

Maul bilden sich zurück, die Haut verschmilzt mit der des Weibchens und die Blutkreisläufe vereinigen sich. Das Männchen wird fortan nur noch vom Weibchen ernährt und stellt seinerseits als Sexualsymbiont seine Spermien zur Verfügung [25,28].

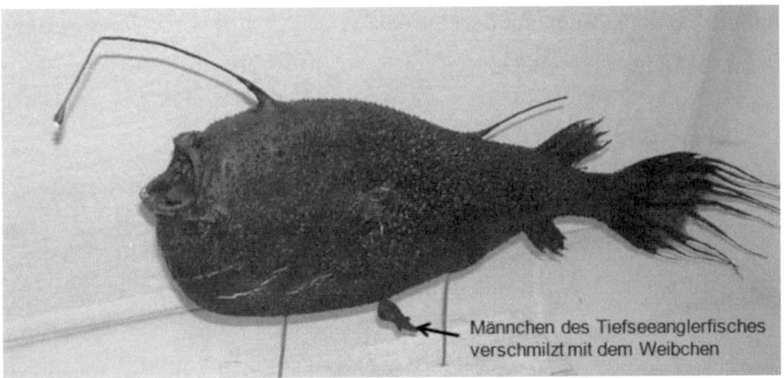

Abb.3: Weiblicher Tiefseeanglerfisch mit seinem wesentlich kleineren Männchen als Sexualsymbiont [39].

Ein weiterer hoch spezialisierter Tiefseefisch ist der Tripodfisch (Ipnopidae), der in 900 m bis 4000 m Tiefe knapp über dem Meeresgrund lebt. Neben den winzigen Augen, die im Zuge der Evolution wegen der absoluten Dunkelheit zurückgebildet wurden, besitzt der Tripod drei antennenartige, lange Flossen (siehe Bild in Abb. 2), mit deren Hilfe er über dem Meeresgrund schwebt und auf Beute wartet, die ihm die Meeresströmung entgegentreibt [27]. Seine Fortpflanzungsstrategie ist noch höher spezialisiert als beim Anglerfisch. Da es wegen der großen Weite der Tiefsee nur wenig wahrscheinlich ist, dass Artgenossen unterschiedlichen Geschlechts aufeinandertreffen, vereint der Tripod sowohl weibliche als auch männliche Geschlechtsmerkmale in sich. Deshalb kann er sich beim Zusammentreffen mit Artgenossen immer fortpflanzen. Als Hermaphrodit ist er im Extremfall sogar in der Lage, sich selbst zu befruchten und damit das Überleben seiner Art in der Tiefsee zu sichern.

Die tiefste Meerwasserzone wird als Hadopelagial bezeichnet. Sie beginnt am unteren Ende der Abyssopelagialzone in ca. 6000 m Tiefe und reicht bis an die tiefste Stelle der Weltmeere, den Marianen-Graben mit ca. 11000 m Tiefe. Hier herrschen Drücke von ca. 1100 bar und kaum ein Lebewesen kann diesem Druck standhalten. Gemäß Abb. 1 nimmt dieser Bereich weniger als 2 % der Erdoberfläche ein und soll daher im Rahmen dieser Arbeit nicht weiter betrachtet werden.

In den folgenden Kapiteln wird nun näher auf ausgewählte physiologische Mechanismen eingegangen, mit deren Hilfe Tiefseespezialisten in ihrem extremen Lebensraum überleben können.

2.2 Die Anpassung an die extremen Druckverhältnisse in der Tiefsee

Einer der bekanntesten Eigenschaften der Tiefsee ist sicherlich der hohe Druck in großen Wassertiefen. Aus physikalischer Sicht bestimmt sich der hydrostatische Druck p in der Tiefsee in Abhängigkeit der Wassertiefe h nach dem Pascal'schen Gesetz $p(h) = \rho * \gamma * h + p_o$, wobei ρ die Dichte für Wasser ($\approx$1000 kg/ dm^3), g die Erdbeschleunigung ($\approx$ 9,81 m/s^2), h die Wassertiefe und p_o der Luftdruck über der Wassersäule ist ($\approx 10^5$ Pa, also Atmosphärendruck). Demnach steigt der Wasserdruck mit zunehmender Tiefe etwa um 1 bar, entsprechend 10^5 Pa pro 10 m Wassersäule, so dass in einer Tiefe von 1000 m ein Wasserdruck von ca. 100 bar (10^7 Pa) herrscht, entsprechend einer Gewichtskraft von 1000 t/m^2 bzw. 100 kg/cm^2.

Vor allem für die dauerhaft in der Tiefsee lebenden Organismen ergeben sich aus dem hydrostatischen Druck hohe Belastungen. Wenn man die Körperform eines Drachenfisches näherungsweise als elliptisch betrachtet und seine Körperoberfläche A bei einer Länge von l = 30 cm und einer Körperhöhe von h = 10 cm mit ca. 0,1 m^2 abschätzt ($A = \pi * l * h$), so lastet auf einem Drachenfisch in einer Tiefe von 4000 m eine Gewichtskraft von 400 t, die von allen Seiten auf ihn einwirkt.

An dieser Stelle sei erwähnt, dass durch den hohen Druck die Erforschung der Tiefseezonen und deren Bewohner außerordentlich schwierig ist. So wurden für die Erforschung großer Meerestiefen spezielle hochdruckresistente Tauchroboter (ROV = remotely operated vehicles) entwickelt, die den großen Drücken standhalten. Auf einen kugelförmigen Tauchroboter mit einem Kugeldurchmesser von nur 2 m wirken in einer Tiefe von 4000 m unvorstellbare Drücke von ca. 50.000 t und kaum ein Material bzw. eine Konstruktion kann dieser Belastung standhalten. So sind wegen dieses hohen technischen Risikos schätzungsweise nur ca. 5 km^2 der Meeresflächen unter 1000 m Wassertiefe genauer untersucht, was einem verschwindenden Anteil von 0,0000016% entspricht [18].

Aus Untersuchungen ist bekannt, dass die Einwirkung hoher Kräfte auf biologisches Gewebe die räumliche Struktur der Proteine verändert. Eiweißmoleküle bestehen aus langen Aminosäure-Ketten, die in komplexen räumlichen Strukturen angeordnet sind und eine Primär-, Sekundär-, Tertiär und Quartärstruktur aufweisen. Die räumliche Struktur von Proteinen wird hierbei hauptsächlich durch Wasserstoff-Brückenbindungen stabilisiert. Bei hohem hydrostatischen Druck, wie dieser in großen Wassertiefen vorherrscht, verringern sich nun die Längen der Wasserstoffbrückenbindungen und damit die biologischen und elektronischen Eigenschaften des Proteins [10]. Insbesondere zeigen die drucksensiblen Strukturen nun Defekte in der Tertiär- bzw. Quaternärstruktur, die zu Packungsdefekten und einer lokalen Denaturierung der Eiweiße führen.

Tiefseelebewesen halten diesem extremen Druck stand, indem sie die körpereigenen Proteine stabilisieren. Bei normalen bzw. niedrigen Wasserdrücken befinden sich in den Zellen der Fische eine physiologische Kochsalzlösung mit 0,9% NaCl entsprechend ca. 300 mOsmol/l sowie geringe Ionenkonzentrationen aus dem Zerfall des Harnstoffs. In der Literatur [9, 12, 21] wird nun berichtet, dass durch die Erhöhung der Ionen- bzw. der osmolytischen Konzentration in der Zelle die Proteinstruktur bei den Fischen, die in größeren Meerestiefen leben, stabilisiert wird. Harnstoff ist für die Erhöhung der Osmolalität nicht geeignet, da dieser die Proteinstruktur destabilisiert, lebenswichtige Funktionen beeinträchtigt und damit schädigende Wirkung auf Zellen besitzt. Viele Tiefseetiere wie Knorpelfische, Krebse und Weichtiere reichern Trimethylaminoxid (TMAO), einen weiteren Osmolyten in den Zellen an, der einerseits der destabilisierenden Wirkung von Harnstoff gegensteuert, andererseits die Ionenkonzentration in den Zellen erhöht. Trimethylaminoxid wirkt als Protein-Stabilisator und Druck-Kompensator am besten bei einem Mischungsverhältnis von Harnstoff zu TMAO von 2 zu 1 [32]. Tiefseefische lagern TMAO zur Stabilisierung der Eiweißstrukturen in die Zellflüssigkeit ein, wobei mit zunehmender Meerestiefe steigende Konzentration von TMAO in den Zellen gefunden wurden [12, 21, 32].

In Abb. 4 ist dargestellt, wie die Konzentration von TMAO bei Knochenfischen von 40 mmol/kg an der Wasseroberfläche auf 261 mmol/kg in 4850 m Tiefe steigt. Beim Scheibenbauchfisch, der in 7000 m Wassertiefe lebt, wurde bereits 386 mmol/kg gemessen. Diese TMAO-Konzentration entspricht einer Osmolalität von 991 mOsmol/kg, wobei das den Organismus umgebende Tiefenwasser eine Osmolalität von ca. 1000 mOsmol/kg aufweist [21]. Der intrazelluläre Raum weist damit annähernd gleiche Osmolalität auf wie das umgehende Tiefenwasser. Durch die vergleichbaren Osmolalitäten wird der Konzentrationsausgleich zwischen Zelle und Wasserumgebung verringert und die Zellstruktur des in der Tiefe lebenden Organismus bleibt stabil.

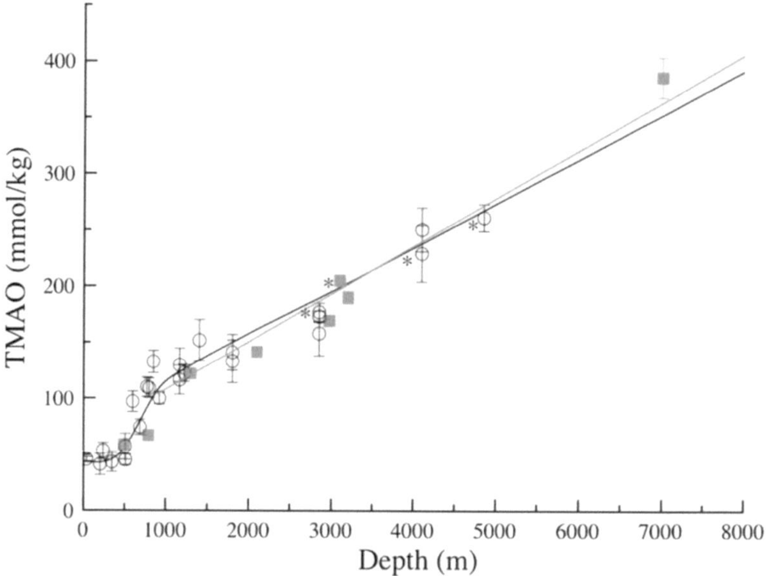

Abb. 4: Konzentration von Trimethylaminoxid (TMAO) im Muskelgewebe von Knochenfischen in Abhängigkeit der Wassertiefe [21].

Neben dem Ausgleich des osmotischen Drucks stabilisiert TMAO vor allem die Struktur der Proteine in den Zellen. Der genaue Mechanismus dieser der

Stabilisierung von Proteinen durch TMAO ist bislang noch nicht im Detail verstanden [9]. Extrapolationen haben ergeben, dass bei ca. 8000 m bis 8500 m Wassertiefe ein isoosmotischer Zustand erreicht wird. Der osmolytische Druck des Tiefenwassers mit ca. 1000 mOsmol/kg bis 1100 mOsmol/kg entspricht dann dem osmolytischen Druck des in den Zellen gelösten TMAO´s. Die Konzentration an gelösten Salzen im Fischgewebe bei Tiefseefischen entspricht derjenigen des umgebenden Wassers.

In noch größeren Wassertiefen mit entsprechenden höheren Wasserdrücken müsste zur Stabilisierung der Proteine die TMAO-Konzentrationen in den Zellen weiter erhöht werden, während der osmolytische Druck des Tiefenwassers nicht vergrößert würde. Eine zu hohe Konzentration des TMAO´s würde jedoch das Myosin in den Muskelzellen blockieren, die dadurch nicht mehr bewegungsfähig wären sowie die Diffusion von Meerwasser in die Zellen zum Ausgleich des osmotischen Drucks veranlassen. Eine Wassertiefe von ca. 8000 m bis 8500 m scheint aus physiologischer Sicht das Limit für Tiefseefische darzustellen [21].

Wie oben bereits angedeutet, ist die Erforschung der Tiefsee vor Ort hochkomplex und technisch aufwändig. Die Untersuchung von Tiefseefischen, die mit konventionellen Fangmethoden z.B. mittels Schleppnetzen an die Oberfläche gebracht wurden, ist in der Regel nicht erfolgreich, da die Körper der Tiere durch die Überbrückung der großen Druckdifferenzen bei der Fangprozedur in der Regel zerstört werden.

2.3 Die Biolumineszenz beim Drachenfisch

Mit zunehmender Meerestiefe nimmt das Sonnenlicht kontinuierlich ab. Während in Tiefen bis 200 m selbst unter idealen Einstrahlungsbedingungen nur noch minimale Lichtintensitäten vorhanden sind, herrscht in Tiefen unter 1000 m absolute Dunkelheit. Dennoch besitzen mehr als 80% der in der Tiefsee existierenden Lebewesen gut entwickelte visuelle Systeme [36]. In Abschnitt 2.3.1 wird zunächst auf chemischen Mechanismen der Biolumineszenz eingegangen, anschließend werden in 2.3.2 Überlegungen zur Wellenlänge des emittierten

Lichts angestellt und schließlich in 2.3.3 die spezielle, hochangepasste Biolumineszenz beim Drachenfisch erläutert.

2.3.1 Die grundlegenden Mechanismen der Biolumineszenz

Die meisten Tiefsee-Lebewesen sind in der Lage, in ihrem Organismus sichtbares Licht zu erzeugen, die sog. Biolumineszenz. Hierbei wird in den Photophoren durch einen biochemischen Prozess Licht mit definierten Wellenlängen ausgesandt. Bei dem zugehörigen Reaktionsmechanismus wird der Leuchtstoff Luziferin mit Hilfe von O_2 und dem Enzym Luziferase oxidiert, wie in Abb. 5 dargestellt.

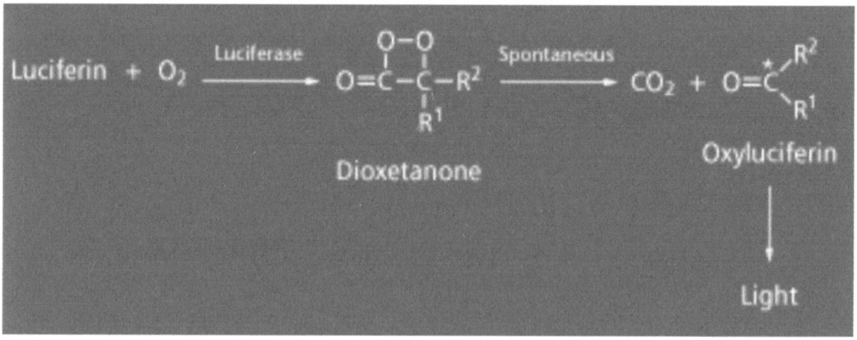

Abb. 5: Schematischer Ablauf der biochemischen Reaktion bei der Biolumineszenz, an deren Ende sichtbares Licht ausgesandt wird [22].

Das Oxidationsprodukt ist ein Dioxetanon-Ring. In einer spontanen Reaktion wird CO_2 abgespalten. Das dadurch entstehende angeregte Molekül Oxiluziferin emittiert beim Übergang in den Grundzustand Lichtquanten einer definierten Wellenlänge [22].

Die exakte chemische Zusammensetzung und Struktur von Luziferin ist für jedes Lebewesen spezifisch angepasst. Beim Drachenfisch wird vermutet, dass der Leuchtstoff Luziferin als Coelenterazin vorliegt. Coelenterazin wird in einer nicht-reversiblen Reaktion, die auch als Chemolumineszenz bezeichnet wird, mit Hilfe von O_2 und dem Enzym Luziferase oxidiert. Das Oxidationsprodukt ist wiederum ein Dioxetanon-Ring, der beim Drachenfisch unter Berücksichtigung seines Ausgangsstoffes als Coelenterazin-Dioxetanon bezeichnet wird. In einer spontanen Reaktion wird CO_2 abgespalten. Das dadurch entstehende angeregte Molekül Oxiluziferin emittiert beim Übergang in den Grundzustand Photonen [5].

Obige Formel in Abb. 5 gilt für alle Arten von Biolumineszenz. Die Reaktion ist nicht reversibel. Die Vermutung der Wissenschaftler, dass beim Drachenfisch das Luziferin als Coelenterazin vorliegt, ist jedoch noch nicht endgültig erforscht.

Es ist zu bemerken, dass ein biochemischer Prozess einen Wirkungsgrad von über 90% [33] besitzt. Diese Wirksamkeit ist insbesondere in der Tiefsee mit ihrem Mangel an Nahrung und Plankton von besonderer Bedeutung.

2.3.2 Die Wellenlängen der Biolumineszenz in der Tiefsee

Im Wasser hängt die Absorption des Lichts von der Wellenlänge ab. Licht wird im Wasser im blauen Bereich des Frequenzspektrums weniger stark absorbiert als im roten Bereich. Damit dringt in tiefere Wasserschichten vorzugsweise das blaue Licht vor, während der rote Spektralbereich bereits an der Wasseroberfläche absorbiert wird. Abb. 6 zeigt die Intensität des Lichts in Abhängig von der Wellenlänge an der Wasseroberfläche sowie in 500 m Wassertiefe.

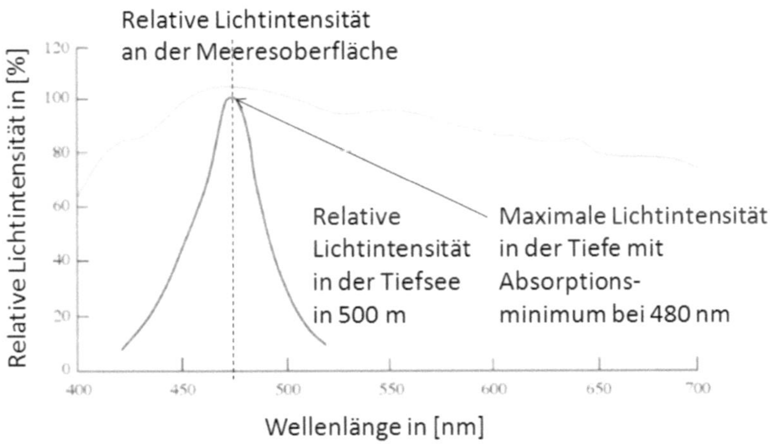

Abb. 6: Relative Intensität der Wellenlängen an der Meeresoberfläche und in der Tiefsee in 500 m Wassertiefe [8].

Während das Tageslicht an der Meeresoberfläche eine hohe Intensität über fast alle Wellenlängenbereiche aufweist und erst im UV-Bereich abfällt, dringt in 500 m Wassertiefe nur noch blaues Licht mit einem engen Wellenlängenbereich zwischen 420 nm und 520 nm vor [8]. Es ist zu berücksichtigen, dass die absolute Lichtintensität in 500 m Wassertiefe wesentlich niedriger ist als an der Oberfläche. So nimmt die Lichtintensität pro 70 m Wassertiefe um mehr als 90% ab, so dass in 500 m Wassertiefe das Licht um ca. 10^7 -fach schwächer ist als an der Wasseroberfläche.

Die Tiefseelebewesen haben sich perfekt an die physikalischen Gegebenheiten des Wassers angepasst. Abb. 7 zeigt die Absorptionsmaxima von Farbpigmenten von 57 Fischarten aus insgesamt 1370 Messungen [8]. Die Absorptionsminima des blauen Lichts bei 475 nm aus Abb. 6 und die Absorptionsmaxima der lichtempfindlichen Pigmente bei den Fischen mit Absorptionsmaxima zwischen 470 nm und 490 nm in Abb. 7 stimmen in hohem Maße überein [8].

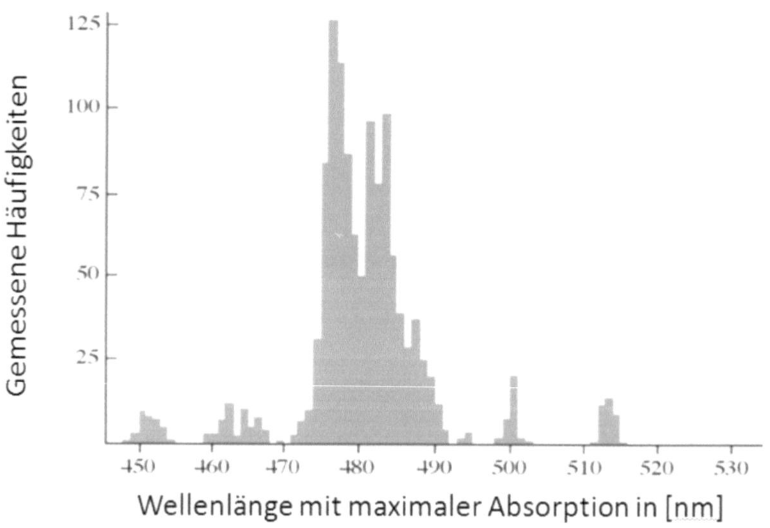

Abb. 7: Gemessene Häufigkeiten für die maximale Absorption in den farbempfindlichen Pigmenten von 57 Tiefseefischen aus 1370 Messungen [8].

In [11] wird berichtet, dass marine Organismen in der Regel im Bereich zwischen 450 nm und 490 nm Licht emittieren. Dies ist der Bereich mit der geringsten Absorption des Lichts im Wasser und damit der Bereich der größten Reichweite.

Der Anglerfisch besitzt an der Spitze eines angelartigen Fadens ein Leuchtorgan, das blaues Licht ausstrahlt. Das emittierte Licht dient als Köder zum Anlocken von Beutetieren wie z.B. kleinen Fischen, die auf Beutejagd nach leuchtenden Krebsen selbst zur Beute werden und verschlungen werden.

Beim Laternenfisch werden Leuchtorgane, die sich an der Unterseite des Fischkörpers befinden, zur Tarnung eingesetzt. Tiefer schwimmende Raubfische können den leuchtenden Körper des Laternenfisches nicht mehr als Silhouette vor dem Restlicht, das von der Wasseroberfläche eindringt, ausmachen. Der Laternenfisch ist damit für Raubfische quasi unsichtbar [34]. Die Biolumineszenz beim Laternenfisch dient ferner der Identifikation mit Artgenossen, wobei die Mechanismen der Kommunikation bislang nicht bekannt sind [34].

2.3.3 Die hochspezialisierte Biolumineszenz beim Drachenfisch

Der Drachenfisch (Trachinoidei) entwickelte im Zuge der Evolution unter den Fischen, die mit Hilfe von Biolumineszenz sichtbares Licht generieren, noch eine weitere Verfeinerung seiner biologischen Waffen [16]. Während der Anglerfisch oder der Laternenfisch und viele andere Tiefseebewohner in der Lage sind, Biolumineszenz im Spektralbereich des blauen Lichts zu emittieren und zu detektieren, perfektioniert der Drachenfisch seine Fangtechniken durch Ausnutzung von rotem Licht, welches für andere Meeresbewohner oder Konkurrenten unsichtbar ist. Quasi als Spezialist unter Spezialisten ermöglicht ihm das rote Licht, Beutetiere oder andere Räuber zu sehen, während er selbst unsichtbar als Jäger bzw. Gejagter bleibt.

Aus Abb. 8 geht hervor, dass der Drachenfisch Licht im blauen Spektralbereich des sichtbaren Lichts mit Wellenlängen zwischen 450 nm und 490 nm emittieren kann [3]. Der Drachenfisch nutzt damit die Eigenschaft, dass die Absorption des Lichts im Wasser mit abnehmender Wellenlänge im Blaubereich absinkt. Das blaue Licht hat damit eine größere Reichweite und der Fisch ist in der Lage,

Objekte zu sichten, die bis zu 30 m von ihm entfernt sind. Auch für andere Tiefseebewohner ist das blaue Licht erkennbar, so dass diese als Beute angelockt werden.

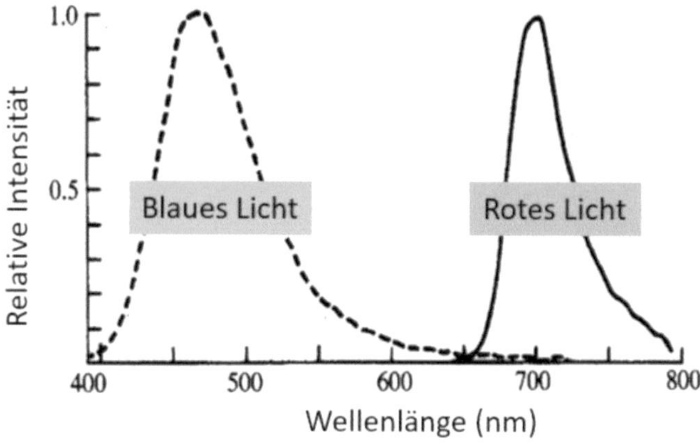

Abb. 8: Emissionsspektren für die Biolumineszenz beim Drachenfisch: Neben der Emission von blauem Licht ist der Drachenfisch in der Lage, rotes Licht zu emittieren und zu detektieren [8].

Zusätzlich ist der Drachenfisch in der Lage, mit einem separaten Lichtorgan rotes Licht zu emittieren. So hat man bei dieser Fischart Photophoren gefunden, die Licht im Spektralbereich über von 700 nm, d.h. im roten Bereich emittieren [3]. Da andere Tiefseebewohner außer ihm nicht in der Lage sind, Licht im roten Spektralbereich zu erkennen, kann der Drachenfisch seine Opfer mit dem Rotlicht beobachten und dabei selbst unsichtbar für die Beute oder andere Jäger bleiben. Die Kommunikation mit seinen Artgenossen kann ebenfalls unbemerkt für andere Meeresbewohner stattfinden. In Kauf nehmen muss er aus physikalischen Gründen jedoch die reduzierte Reichweite des roten Lichts im Wasser.

Die Drachenfische verwenden zur Erzeugung der langwelligen roten Biolumineszenz lichtempfindliche Photophoren [16]. Die Physiologie der Photophoren reicht von einfachen Zellclustern bis hin zu komplexen Organen, die von Reflektoren, Linsen, Farbfiltern und Muskeln umgeben sind [35]. Das Lichtorgan emittiert zunächst kurzwelliges Licht im Bereich von 515 nm bis 550 nm, welches dann von einem fluoreszierenden Pigment innerhalb des Organs absorbiert und als längerwelliges Licht wieder abgestrahlt wird. Die endgültige Wellenlänge liegt dann mit etwa 705 Nanometern im für den Menschen kaum noch sichtbaren Rotbereich kurz vor dem Infrarot [19].

Damit die Drachenfische ihr eigenes Rotlicht wieder sehen können, haben einige Arten Fotopigmente entwickelt, die im Rotbereich empfindlich sind. Andere Spezies wandeln das rote Licht wieder in kürzere, für sie sichtbare Wellenlängen um [38].

Der Drachenfisch zeigt mit seiner Biolumineszenz in ihren verschiedenen Funktionen eine hochentwickelte Anpassung an seinen Lebensraum. Im blauen Lichtbereich mit erweitertem Sichtbereich, gleichsam dem Fernlicht, wird die Tiefsee aufgehellt, um Beute anzulocken oder zu erkennen, Artgenossen zur Paarung oder als Konkurrenten zu sehen oder Jäger zu identifizieren. Der rote Spektralbereich dient der Tarnung, aber auch dem für die Beute unsichtbaren Anpirschen sowie der Kommunikation mit den Artgenossen.

2.4 Spezialisierungen zur Nahrungsaufnahme beim Laternenfisch und beim Drachenfisch

Die Biomasse in der Tiefsee nimmt mit zunehmender Meerestiefe stark ab, wie in Abb. 1 dargestellt ist. Als Ursache für das verringerte Nahrungsangebot ist die abnehmende Lichtintensität zu nennen, so dass mit zunehmender Meerestiefe die Photosynthese-Reaktionen stark abnehmen. Zudem verlangsamen die Temperaturen nahe dem Gefrierpunkt generell chemische Reaktionen und viele Wachstumsprozesse. Tiefseefische sind daher auf Nahrungszufuhr aus den oberen Meeresschichten wie z.B. der Mesopelagialzone angewiesen. Ein zentraler Baustein für die Nahrungsversorgung in der Tiefsee, die erst die Artenvielfalt in den unteren Meeresschichten ermöglicht, stellt die vertikale Migration hochspezialisierter Fische dar. Der Laternenfisch (Myctophidae) spielt in diesem Zusammenhang für die Meeresbiologie eine entscheidende Rolle. Im folgenden

Kapitel wird beschrieben, welche Fähigkeiten und Spezialisierungen der Laternenfisch und der Drachenfisch zur Nahrungsaufnahme entwickelt haben.

2.4.1 Die vertikale Migration des Laternenfisches

Der Laternenfisch beeinflusst mit seiner ungeheuer großen Biomasse, die auf über 600 Millionen Tonnen [37] geschätzt wird, maßgeblich den Nahrungseintrag in die Tiefsee. Wegen der fehlenden Primärenergie in dieser Tiefe und des damit reduzierten Nahrungsangebots sind viele Laternenfischarten gezwungen, zur Nahrungsaufnahme an die Meeresoberfläche zu schwimmen. Untersuchungen haben ergeben [4], dass sich viele Laternenfischarten während des Tages in der Dunkelheit der Meso- und Bathypelagialzone in Tiefen von 600 m bis 1800 m aufhalten und sich damit ihren Fressfeinden an der Meeresoberfläche entziehen. Mit dem Beginn der Nacht steigt der kleine Fisch schnell und steil zur Meeresoberfläche auf, um das dort existierende Zooplankton zu fressen. Diese periodische vertikale Tag- und Nachtwanderung von der Meeresoberfläche bis in die Tiefsee wird in der Literatur auch als Vertical Migration bezeichnet [4].

In Abb. 9 ist die tagesperiodische Wanderung des Laternenfisches abgebildet, wie diese im Roten Meer mittels Sonartechnik gemessen wurde. Diese auch als biologische Pumpe bezeichnete Wanderung des Laternenfisches wurde in [4] unter der Verwendung eines Echolotes genauer untersucht. Während des Tages zwischen 6 Uhr und 18 Uhr befindet sich der Skinnycheek-Laternenfisch in Tiefen bis zu 800 m und wandert während der Nachtstunden in Meeresoberflächennähe, wo er sich vom Zooplankton ernährt.

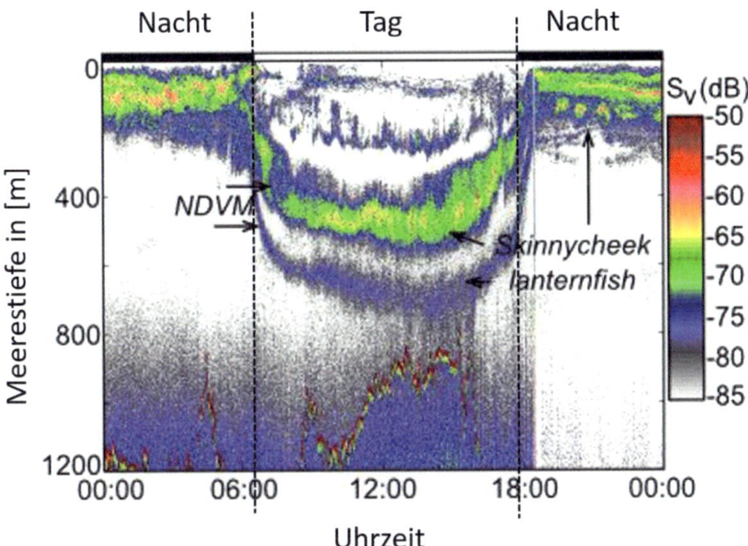

Abb. 9: Sonaraufzeichnung der tagesperiodischen Wanderung des Laternenfisches von der Meeresoberfläche am Tag bis zu einer Tiefe von 800 m in der Nacht. S_v stellt die Signalintensität der Sonaraufzeichnung dar [4]. Die rote und grüne Farbe stellen die höchsten Rückstreu-Intensitäten und damit das größte Fischvorkommen dar.

Andere Laternenfischarten überbrücken bei ihrer Vertikalwanderung vom Bathypelagial über das Mesopelagial bis zur Epipelagialzone sogar Tiefendifferenzen bis zu 1800 m. An dieser Stelle ist auf die Bedeutung des Laternenfisches als Nahrungslieferant für andere Tiefseelebewesen hingewiesen. Durch die tagesperiodische vertikale Migration steht damit in allen Tiefenregionen des Meeres von der 200 m bis 1800 m protein- und energiereiche Biomasse in großer Menge zur Verfügung.

Durch den Aufstieg aus der Tiefsee an die Meeresoberfläche überbrückt er Wassersäulen von vielen hundert Metern und damit hohe Druckdifferenzen von mehr als 100 bar, was eine immense Herausforderung an die Physiologie dieser kleinen Fische darstellt.

Steigt der Fisch zur Nahrungsaufnahme bis in die oberflächennahen Zonen auf, wo der hydrostatische Druck nur wenige Bar beträgt, muss der Druckunterschied innerhalb weniger Minuten überwunden werden. Aus physikalischer Sicht stellen gasgefüllte Schwimmblasen nicht die optimale Voraussetzung für die Überbrückung großer Druckschwankungen dar. Gemäß der allgemeinen Gasgleichung $p*V = n*R*T$ führt eine Druckänderung zu einer linearen Veränderung des Volumens bei gleicher Stoffmenge und Temperatur. p stellt dabei den Druck im Wasser, V das Volumen in der Gasblase, n die Stoffmenge, R die Gaskonstante und T die absolute Temperatur dar.

Ein Aufstieg von 1000 m mit einer Druckreduzierung von 100 bar bedeutet für den Laternenfisch, dass sich dessen Schwimmblase gemäß der Gasgleichung auf das Hundertfache ihres Volumens ausdehnt, was physiologisch zu einer Zerstörung der Gasblase führen würde. Nebenbei bemerkt führt unter anderem dieser Effekt der Volumenvergrößerung bei Druckentlastung dazu, dass Tiefseefische, die in großen Tiefen gefangen werden und zu Untersuchungszwecken an die Oberfläche gebracht werden, zerstört und getötet werden.

Laternenfische haben im Zuge der Evolution daher ausgefeiltere Anpassungsmechanismen sowie spezielle Auftriebssysteme entwickelt. Grundlage für die Schwimmfähigkeit von Fischen mit neutralem Auftrieb ist das Massengleichgewicht zwischen dem Fischkörper und der Masse des durch den Fisch verdrängten Wassers, also $m_F = m_W$, bzw. $\rho_F * V_F = \rho_W * V_W$, wobei m die Masse, ρ die Dichte und V das Volumen mit den Indizes für Fisch bzw. Wasser darstellen.

Während die Dichte von Salzwasser bei 0 °C etwa 1,03 kg/dm^3 beträgt, liegt die Dichte des Fischgewebes zwischen 1,05 kg/dm^3 und 1,07 kg/dm^3 bzw. vom Fischskelett zwischen 1,13 kg/dm^3 und 1,50 kg/dm^3 [31]. Mit der höheren Dichte ist der Fisch schwerer als das Tiefenwasser und würde dadurch absinken. Der Fisch benötigt zum Ausgleich der Dichteunterschiede angepasste Mechanismen zur Reduzierung seiner Dichte, auch hydrodynamischer Auftrieb genannt. Gaskavitäten wie z.B. die Schwimmblase zählen zu den effektivsten physiologischen Systemen, um den Fisch leichter und damit schwimmfähig zu machen.

Während bei atmosphärischem Druck die Gasdichte in der Schwimmblase wesentlich kleiner als die Dichte des Fischkörpers ist und damit einen effektiven Auftrieb ermöglicht, wird die Wirksamkeit der Gasblase bei Tiefseefischen deutlich eingeschränkt. So beträgt die Dichte von O_2 in der Schwimmblase bei Tiefseefischen, die in 5000 m bis 7000 m Meerestiefe leben und einem Druck von 500 bis 700 bar ausgesetzt sind, ca. 0,6 kg/dm^3. Zudem dehnt sich das Gas linear mit dem Druck aus.

Die Laternenfische haben es im Laufe der Evolution geschafft, innerhalb ihrer Familie spezifische physiologische Anpassungen zu entwickeln. Während man sowohl bei Jungfischen als auch bei nicht wandernden Laternenfischen gasgefüllte Schwimmblasen gefunden hat, entwickelten sich im Laufe der Evolution bei migrierenden Laternenfischen die gasgefüllten Schwimmblasen hin zu Schwimmblasen, die mit Wachsestern gefüllt sind [14]. Die Wachsester sind mit einer Dichte von 0,86 kg/dm^3 deutlich leichter als das Tiefenwasser und lassen sich selbst unter hohem Druck nicht komprimieren. Aus diesem Grund müssen die Fische während des täglichen Aufstiegs und Abstiegs kein sich veränderndes Volumen wie bei den gasgefüllten Schwimmblasen kompensieren. Zur weiteren Reduktion der Körperdichte haben Laternenfische neben der fettgefüllten Schwimmblase zusätzlich Wachsester in ihr Skelett einlagert. Trotz intensiver Forschungsarbeiten sind die genauen physiologischen Mechanismen des Laternenfisches zur Überwindung der großen Höhen- und Druckdifferenzen während seiner täglichen Wanderung noch nicht vollständig geklärt.

2.4.2 Physiognomische Anpassungen des Drachenfischs zur Nahrungsaufnahme

Im Gegensatz zum wandernden Laternenfisch lebt der nicht migrierende Drachenfisch in einer Tiefe von ca. 1000 m. Zu seinen Nahrungsquellen zählen neben toten Klein- und Kleinstlebewesen, die als mariner Schnee bezeichnet werden, auch Tierkadaver größerer Fische, die auf den Meeresboden sinken und als „hot spots" bezeichnet werden. Während diese unbeweglichen, aber toten Nahrungsquellen leicht erbeutet werden können, sind für die Jagd energiereicher, lebender Beutetiere wie z.B. dem schnell wandernden Laternenfisch hohe Anpassungen erforderlich.

Beim Drachenfisch äußern sich diese physiognomischen Adaptionen in der Ausbildung überdimensionaler Mäuler, die auch vielen anderen Tiefseebewohnern ein groteskes Aussehen verleihen, wie die Grafik aus Abb. 10 zeigt.

Abb. 10: Spezielle Mechanik des Kiefergelenks beim Drachenfisch als Grafik mit weit geöffnetem Kiefer [40].

Die Fangwerkzeuge sind jedoch nicht nur außergewöhnlich ausgeprägt, sondern besitzen wie beim Drachenfisch eine spezielle Mechanik. Über hoch spezialisierte Muskeln und Sehnen kann der Drachenfisch, der mit knapp 15 cm [30] im ausgewachsenen Zustand ein eher kleiner Raubfisch ist, seine Kiefergelenke und seinen Unterkiefer so ausklappen, dass ein Öffnungswinkel von ca. 120° entsteht [29], wie in Abb. 11 schematisch dargestellt wird.

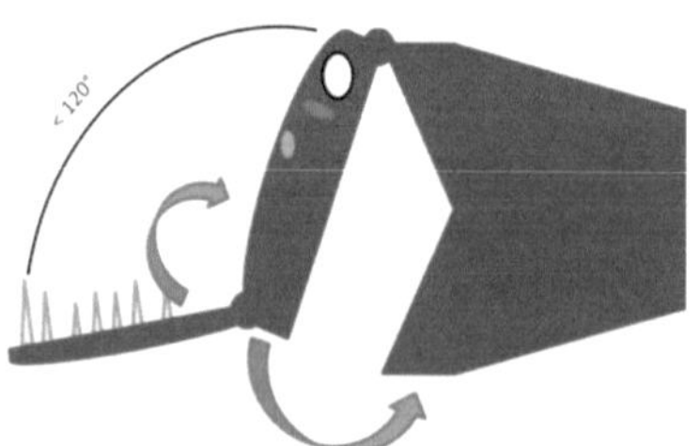

Abb. 11: Spezielle Mechanik des Kiefergelenks beim Drachenfisch; Bilder links und rechts aus [29] zeigen schematisch die Kieferöffnung und das Gelenk mit zugehöriger Kinematik bzw. das Maul im geschlossenen Zustand. Im Oberkiefer sind farblich die Photophoren für blaue und rote Biolumineszenz hervorgehoben.

Mit dieser Mechanik gelingt es dem Fisch, das Maul weit nach vorne zu klappen und die Beute einzufangen, während der Fischkörper nahezu unbeweglich verharrt. Die großen Fangzähne dienen zum Schnappen und Festhalten seiner Beute. Die hoch angepasste Physiognomie ermöglicht es dem Jäger, Beutetiere, die größer sind als er selbst, mit einem Biss zu verschlingen.

3 ZUSAMMENFASSUNG UND SCHLUSS

Die Faszination des Meeres und seiner Bewohner sind Gegenstand interessanter Fernsehdokumentationen. Zahlreiche Mythen ranken sich z.B. um Meeresungeheuer mit riesigen Mäulern und um Leuchtphänomene in der Dunkelheit des Meeres. Weniger im Fokus der medialen Berichterstattung stehen allerdings die erforderlichen Anpassungen, die die ozeanischen Tiefseelebewesen im Laufe der Evolution entwickelt haben, um den extremen physikalischen Gegebenheiten standzuhalten. Dabei stellen gerade die tiefen Meeresregionen den flächenmäßig größten Lebensraum unseres Planeten dar. Zwar gelingt es Wissenschaftlern dank moderner Technologien inzwischen, zumindest in einen kleinen Bereich der Tiefsee vorzudringen und dort Untersuchungen anzustellen. Doch die extremen Lebensbedingungen wie z.B. Drücke von mehreren 100 bar, Temperaturen nahe dem Gefrierpunkt, Nahrungsarmut und absolute Dunkelheit lassen noch viele Fragen offen, wie es den Meeresbewohnern der Tiefsee gelingt, ihrem extremen Lebensraum zu trotzen.

In der vorliegenden Arbeit wurden physiologische und physiognomische Anpassungen dargestellt, die ausgewählte marine Lebewesen einsetzen, um diesen Lebensraum zu besetzen und dort nachhaltig zu überleben. Hochspezifische Anpassungen wie z.B. die Stabilisierung der Zellen mit Hilfe von Trimethylaminoxid, ausgeprägte Fortpflanzungsstrategien, die Spezialisierung auf schmale Wellenlängenbänder bei der Biolumineszenz sowie die Vertikalwanderung riesiger Fischschwärme, die entscheidend zum Nahrungseintrag für die Tiefsee beitragen, sind nur Schlaglichter eines faszinierenden Lebensraums und beeindruckender Spezies.

Laternenfisch, Drachenfisch, Anglerfisch und Tripodfisch wurden als Repräsentanten ausgewählt, die im Laufe der Evolution Anpassungen entwickelt haben, die in der uns umgebenden Natur ungewöhnlich und einzigartig sind. Durch die in den letzten Jahren entwickelten hochmodernen Technologien ist zu erwarten, dass in den nächsten Jahren weitere faszinierende und beeindruckende Einblicke in den größten Lebensraum unseres Planeten gewonnen werden können.

4 QUELLENVERZEICHNIS

Das folgende Quellenverzeichnis ist der Übersicht halber unterteilt in Nachweise, die aus Filmen, aus der Fachliteratur, aus Online-Daten sowie aus Bildern aus dem Internet entnommen wurden. Die Bezüge sind jeweils alphabetisch geordnet.

Filmbezugsquellen:

[1] Koyama Y., Phantom der Tiefsee: Der Riesenkalmar, ZDF.de, NHK/NKH Enterprises/ Discovery Channel Koproduktion, 2013, Fassung Internet http://www.zdf.de/ZDFmediathek/beitrag/video/1834402/Phantom-der-Tiefsee---Der-Riesenkalmar#/beitrag/video/1834402/Phantom-der-Tiefsee---Der-Riesenkalmar, Zugriff am 12.03.2016.

Quellen aus der Fachliteratur

[2] Angel V. M., What is the deep sea, Academic Press, 1997, in Randall D., Farrell A., Deep-sea fishes, Academic Press, San Diego, 1997.

[3] Douglas R., Mullineaux C., Partridge J., Long-wave sensitivity in deep sea stomiid dragonfish with far-red bioluminiscence: Evidence for a dietary origin of the chlorophyll–derived retinal photosensitizer of Malacosteus niger" - The Royal Society, 29.09.2000, http://rstb.royalsocietypublishing.org/content/355/1401/1269.short, Zugriff am 12.03.2016.

[4] Dypvik E., Behavioral strategies of lantern fishes (family Myctophidae) in a high-latitude fjord and the tropical Red Sea, Dissertation an der King Abdullah University of Science and Technology Saudi Arabia, December 2012, http://repository.kaust.edu.sa/kaust/bitstream/10754/262812/1/EivindDypvikDissertation.pdf, Zugriff am 11.05.2016.

[5] Gonzales Jr. M. V., Synthesis, luminescence, and applications of coelenterazine and its analogs, 26.02.2007, Zugriff am 22.08.2016 http://www.chemistry.illinois.edu/research/organic/seminar_extracts/2006_2007/03GonzalezFINALAbstract.pdf.

[6] Haedrich R.L., Merrett N.R., Production / biomass ratios, size frequencies and biomass spectra in deep-sea demersal fishes, in: Rowe G.T., Pariente V., (eds.), Deep-sea food chains and the global carbon cycle, pp. 158-182. Kluwer Academic Publishers, Dordrecht, Netherlands, 1992.

[7] Herring P.J., Light, Colour and vision in the ocean, in: Summerhayes C.P., Thorpe S.A., Oceanography: An illustrated guide, CRC Press, 1996.

[8] Herring P.J., The biology of the deep ocean (Biology of habitats), Oxford University Press, Oxford. 2002.

[9] Kelly R., Yancey P., High contents of trimethylamine oxide correlating with depth in deep-sea teleost fishes, skates and decapod crustaceans, The Biological Bulletin 196, 18-25, February 1999, http://www.biolbull.org/content/196/1/18, Zugriff am 12.03.2016.

[10] Kremer W., Kalbitzer H., Hochdruck-NMR-Spektroskopie an Proteinen, BIOspektrum, 02/2003, http://www.biospektrum.de/blatt/d_bs_pdf&_id=933603, Zugriff am 12.03.2016.

[11] Lee J., Basic bioluminescence,Photobiological Sciences Online, 2012, http://photobiology.info/LeeBasicBiolum.html, Zugriff am 12.03.2016.

[12] Maa J., Pazosa I., Gaia F., Microscopic insights into the protein-stabilizing effect of trimethylamine N-oxide (TMAO), PNAS, 24.04.2014, http://www.pnas.org/content/111/23/8476.full, Zugriff am 12.03.2016.

[13] Morrison J.F., Sumich J.L.: Introduction to Biology of Marine Life, Sudbury, Jones and Bartlett Publishers, 2004.

[14] Neighbors M.A., Buoyancy in the oceanic midwaters: A comparative study of swimbladders and lipids in lanternfish (family myctophidae), Dissertation University of Southern California, September 1980.

[15] Pietsch T.W., Kenaley C. P., Ceratiodei – Seadevils, devilfishes, deep-sea anglerfishes, http://tolweb.org/Ceratioidei, Zugriff am 07.06.2016.

[16] Rees J., de Wergifosse B., Noiset O., Dubuisson M., Janssens B., Thompson E., The origin of marine bioluminescence: Turning oxygen defence mechanisms into deep-sea communication tools, Journal of Experimental Biology, 1998, http://jeb.biologists.org/content/201/8/1211.short, Zugriff am 12.03.2016.

[17] Thistle D., The deep-sea floor: An overview, 2003, http://www.eoas.fsu.edu/sites/default/files/PDFs/Thistle%202003%20search_0.pdf, Zugriff am 12.03.2016.

[18] Turkay M., Die Tiefsee, der größte Lebensraum, Senckenberg, 2001, http://www.senckenberg.de/files/content/forschung/projekte/tiefsee/3_tuerka.pdf, Zugriff am 12.03.2016.

[19] Widder E.A., Latz M.F., Herring P.J., Case J.F., Far-red bioluminescence from two deep-sea fishes, www.ncbi.nlm.nih.gov/pubmed/17750854, Zugriff am 13.07.2016.

[20] Willis J.M., Pearcy W.G., Vertical distribution and migration of fishes of the lower mesopelagic zone off Oregon, Mar. Biol. 70, 87-98, 1982.

[21] Yancey P.,Gerringer M.E., Drazen J.C., Rowden A., Jamieson A., Marine fish may be biochemically constrained from inhabiting the deepest ocean depths, PNAS, 07.02.2014, http://www.pnas.org/content/111/12/4461.full, Zugriff am 12.03.2016.

Online-Daten, bezogen aus dem Internet

[22] Campbell K. A., Living lights – bioluminescence, 01.06.2003, https://www.chemistryworld.com/news/rainbow-makers/1013161.article, Zugriff am 11.05.2016.

[23] Fährmann J., Bilder aus dem geheimnisvollen Reich des Riesenkalmars - Focus Online,17.02.2013, http://www.focus.de/wissen/natur/tiere-und-pflanzen/zdf-doku-phantom-der-tiefsee-bilder-aus-dem-geheimnisvollen-reich-des-riesenkalmars_aid_920656.html, Zugriff am 12.03.2016.

[24] Freitag J. (Hrsg.), Phytoplanktion auf der Flucht, Bundesministerium für Bildung und Forschung (BMBF), 02.10.2012, http://www.pflanzenforschung.de/de/journal/journalbeitrage/phytoplankton-auf-der-flucht-1979, Zugriff am 10.06.2016.

[25] Goodwin C., Angler fish, 24.01.2013, https://prezi.com/bpul5ql9fbkm/angler-fish/, Zugriff am 12.03.2016.

[26] Heinz T., Tiere der Tiefsee- Planet Wissen, 07.07.2015, http://www.planet-wissen.de/natur/tiere_im_wasser/tiere_der_tiefsee/pwwbtieredertiefsee100.html, Zugriff am 06.03.2016.

[27] Jameson-Gould J., Tripod fish, 19.10.2011, http://www.realmonstrosities.com/2011/10/tripod-fish.html, Zugriff am 11.06.2016.

[28] Jolles J., The deep sea anglerfish and its bizarre reproduction, 29.03.2010, http://mudfooted.com/deep-sea-anglerfish-bizarre-reproduction/, Zugriff am 04.06.2016.

[29] Kenaley C.P., Exploring feeding behaviour in the deep-sea dragonfishes (Teleostei: Stomiidae): Jaw biomechanics and functional significance of a loosejaw, Biological Journal of the Linnean Society, 224-240, 2012.

[30] Knight J.D., The deep-sea anglerfish, 1998 – 2016 by Sea and Sky, http://www.seasky.org/deep-sea/anglerfish.html, http://www.seasky.org/deep-sea/dragonfish.html, Zugriff am 11.06.2016.

[31] Pelster B., Buoyancy at depth, in: Randall D., Farrell A., Deep-sea fishes, Academic Press, San Diego, 1997.

[32] Schroer M.A., Leben unter Druck, DESY Aktuelles, 11.02.2013, http://www.desy.de/aktuelles/@@news-view?id=4561&lang=ger, Zugriff am 01.07.2016.

[33] Smith N., Bioluminescence: Fireflies and the Future, Serendip Studio, http://serendip.brynmawr.edu/exchange/node/1721, Zugriff am 16.07.2016.

[34] Sparks J., Bioluminescent fish flashing patterns might facilitate mating, in: American Museum of Natural History, New York, 03.03.2014, http://www.amnh.org/explore/news-blogs/research-posts/bioluminescent-fish-flashing-patterns-might-facilitate-mating/, Zugriff am 09.07.2016.

[35] Turkay M., Bioluminescence in the deep ocean, The Museum of New Zealand Te Papa Tongarewa, http://squid.tepapa.govt.nz/the-deep/article/bioluminescence-in-the-deep-ocean, Zugriff am 09.07.2016.

[36] Widder E., Bioluminescence, ORCA Ocean Research& Conversation Association, 16.02.2013, http://www.teamorca.org/cfiles/biolum_landing.cfm, Zugriff am 06.03.2016.

[37] Williston A., Biology of fishes – Deep sea fishes, 04.11.2013, https://www.google.de/url?sa=t&rct=j&q=&esrc=s&source=web&cd=4&cad=rja&uact=8&ved=0ahUKEwidwLKxoZbNAhVBXCwKHc26DIEQFgg1MAM&url=https%3A%2F%2Fcanvas.harvard.edu%2Fcourses%2F10537%2Ffiles%2F2230990%2Fdownload&usg=AFQjCNG-d6CX9R6vayDxi_kEXrbLAJZwcA&sig2=pe5kdd3KC9GgKFcRAxvmWA, Folie 77, Zugriff am 07.06.2016.

[38] Wismann U., Tödliches Rot in der Tiefsee - Farbimpulse, 15.06.2005, http://www.farbimpulse.de/Toedliches-Rot-in-der-Tiefsee.175.0.html, Zugriff am 06.03.2016.

Bilder, entnommen aus dem Internet

[39] Butko A., Krøyer's deep sea angler fish, Wikimedia.org, 20.09.2008, https://commons.wikimedia.org/w/index.php?curid=4914101, Zugriff am 12.03.2016.

[40] Dove A., Is this fish evil? Deep Sea News, www.deepseanews.com/2012/10/is-this-fish-evil/, Zugriff am 08.07.2016.

[41] Kückens J. (Redaktion), Geolino.de, Fotoshow: Kreaturen der Tiefe, Senckenberg Naturmuseum, http://www.geo.de/GEOlino/natur/tiere/fotoshow-kreaturen-der-tiefe-59517.html?t=img&p=4, Stand 2016, Zugriffsdatum 11.03.2016.

[42] MacLeod S., Scott Macleod´s anthropology of information technology and counterculture, http://ianimal.ru/wp-content/uploads/2011/09/ryba-trenoga3.jpg, Zugriff am 12.06.2016.

[43] Mann G. R., Ocean Treasures, Memorial Library,http://otlibrary.com/anglerfish, Zugriff am 11.06.2016.

[44] Tränkner S., Senckenberg Forschungsinstitut und Naturmuseum, Focus online, http://www.focus.de/fotos/die-ewige-dunkelheit-der-tiefsee-bekaemft-der-schwarze-drachenfisch_mid_778043.html, Stand 05.11.2010, Zugriffsdatum 11.03.2016.

5 ABBILDUNGSVERZEICHNIS

Im obigen Text sind folgende Abbildungen aufgeführt, die die nachfolgenden Bildunterschriften jeweils enthalten.